NOUVEAU SYSTÈME

DE

CHIMIE ORGANIQUE

FONDÉ

SUR DES NOUVELLES MÉTHODES D'OBSERVATION,

ET PRÉCÉDÉ

D'UN TRAITÉ COMPLET DE L'ART D'OBSERVER ET DE MANIPULER, EN GRAND ET EN PETIT, DANS LE LABORATOIRE ET SUR LE PORTE-OBJET DU MICROSCOPE;

PAR

F.-V. RASPAIL.

Deuxième édition entièrement refondue,

ACCOMPAGNÉE

D'UN ATLAS IN-4° DE VINGT PLANCHES DE FIGURES DESSINÉES D'APRÈS NATURE, ET GRAVÉES AVEC LE PLUS GRAND SOIN.

Dans la comparaison qu'on aura plus d'une fois à faire, entre l'image qu'on a dessinée à son microscope, et les dessins publiés par d'autres auteurs, il faudra tenir compte de la différence des instruments. — Tom. 1er, pag. 296.

ATLAS.

PARIS.

J.-B. BAILLIÈRE, LIBRAIRE DE L'ACADÉMIE ROYALE DE MÉDECINE,

RUE DE L'ÉCOLE-DE-MÉDECINE, 17.

LONDRES. — MÊME MAISON, 219, REGENT STREET.

1838.

PARIS. — IMPRIMERIE DE BOURGOGNE ET MARTINET,
rue Jacob, 30.

AVERTISSEMENT.

La partie iconographique d'un ouvrage tel que celui-ci, est aussi indispensable à l'intelligence du texte, que le sont les figures dans un traité de géométrie. Les mots ne peuvent rendre intelligible que la chose qui a frappé une fois nos regards ; le langage, en effet, suppose la mémoire des faits ; ce que nous n'avons jamais vu, il faut qu'on nous le montre, soit en réalité, soit en image (*). Or il n'est pas possible, dans l'état actuel de l'enseignement, d'avoir à sa disposition, pour le présenter en réalité aux regards de l'auditoire, les échantillons de tous les objets que l'on doit décrire, et encore moins les objets que l'on a sacrifiés à sa propre observation ; et ensuite il n'est pas donné à tous les lecteurs de pouvoir changer de place, pour se constituer auditeurs d'un cours d'observation. De là la nécessité de figures exactes, et qui reproduisent l'image de l'objet par le pinceau, avec tous les accidents de structure que les yeux sont dans le cas d'apprécier. Chaque figure doit devenir ainsi une *préparation* inaltérable, où le doigt du démonstrateur soit remplacé par une lettre alphabétique, à la suite d'une ligne de points. La méthode spéciale à cette portion d'un traité est de ne rien décrire de trop, ni de banal, mais de ne rien oublier de ce qui est indispensable ; de mettre en relief, quelquefois forcément s'il le faut, tout ce qui vient à l'appui du texte ; de faire voir tout d'un coup ce que le démonstrateur parviendrait à faire voir à l'aide d'un peu de patience, et en y prenant tout son temps ; de dessiner comme l'on voit, en même temps qu'on indique le moyen de voir de la même manière et sous le même jour ; de ne représenter que le fait principal, sans s'attacher scrupuleusement à reproduire les accidents qui varient à chaque observation nouvelle ; de ne point ajouter à ce qu'on voit, ce que l'on imagine ; de ne point chercher à embellir une image aux dépens de la vérité ; car l'observateur ne travaille pas à un paysage, mais à une démonstration ; et rien n'est beau comme le vrai, et le vrai ne l'est jamais de la même manière. Il est facile de produire des dessins qui flattent l'œil par l'harmonie des couleurs,

(*) *Segnius irritant animos, demissa per aurem, quam quæ sunt oculis subjecta fidelibus.* Hor. — Ce qu'on dit frappe moins que ce que l'on nous montre.

l'élégance des contours et l'ordonnance des détails; mais il est plus difficile qu'on ne pense de copier exactement ce que l'on voit, lorsque, dans ce que l'on voit, on ne doit prendre que ce qui intéresse la démonstration. Méfiez-vous de ces planches gigantesques, que l'on fait circuler autour des fauteuils de l'Académie, et devant lesquelles s'ébahissent les hommes dont les yeux éprouvent un certain charme à considérer un beau vert de vessie à côté d'un bel à-plat de carmin; il ne faut pour cela qu'une palette bien préparée, un papier bien tendu, et la main d'une colorieuse ordinaire; ce sont des trompe-l'œil qui ne font souvent que prêter le secours d'un charlatanisme de plus au charlatanisme du texte; les descripteurs appellent cela des beaux tableaux, les peintres n'en rient pas, en s'imaginant que ce sont des copies fidèles de préparations anatomiques; c'est-à-dire que le mérite de ces placards n'est établi que par des juges qui se déclarent incompétents de part et d'autre. Nous avons eu à confronter avec la nature tant de ces œuvres hebdomadaires, et nous avons tellement surpris cette espèce de badigeonnage sur le fait, que nous avons fini par ne plus considérer ces beaux dessins que comme la représentation la plus exacte de ce que le peintre n'a jamais vu, et par ne plus consacrer la moindre perte de temps à l'étude de ces productions, qui sont devenues sans danger pour la science, tant la science a appris à ses dépens à se mettre sur ses gardes.

L'iconographie microscopique a ses règles comme toute autre branche de l'art du dessin; elle a son jour et sa perspective: son jour n'éclaire pas les objets, il les traverse, il les illumine; sa perspective n'a qu'un seul plan et pas d'horizon. Nous n'y voyons rien de la même façon qu'à la vue simple; et c'est là la raison pour laquelle les dessins microscopiques, même ceux dont l'exactitude et le fini font l'admiration des vrais connaisseurs, offrent quelque chose d'étrange et de dépaysé aux personnes familiarisées de longue date avec les règles du clair-obscur. Dans tout le cours de l'ouvrage, nous avons appliqué les principes exposés dans la dernière section de la première partie, sur la manière de traduire en dessins visuels, les dessins microscopiques, de transformer l'image éclairée par transparence en une image éclairée par la réflexion des rayons lumineux; nous avons cherché à enseigner la méthode de voir et de manipuler au microscope, et d'interpréter rigoureusement ce que l'on a vu, d'après les principes qui nous dirigent, dans l'interprétation de ce dont nous ne pouvons juger en grand, qu'à distance, et par le secours des yeux. En conciliant le texte avec les figures, on parviendra facilement à se représenter les objets, et à les figurer soi-même, tels qu'ils nous apparaîtraient à l'œil nu; et c'est de cette manière que l'on devra traduire la nature, quand on s'occupera d'une monographie; notre livre est destiné à servir de syntaxe à ces sortes de traductions.

Les résultats immédiats de la publication du *Nouveau système de chimie organique* ont été de mettre tellement la chimie organique en contact avec toutes les autres sciences d'observation, qu'il n'est presque plus permis aujourd'hui d'aborder le moindre sujet du domaine de celles-ci, sans être forcé de faire une excursion dans le domaine de celle-là. Le botaniste qui, auparavant, ne s'appliquait qu'à compter sur ses doigts le nombre des étamines et des pistils, et se condamnait à ne figurer que des plantes aplaties entre deux feuilles de papier, le botaniste s'est vu forcé d'aborder la chimie organique par la physiologie; et la chimie inorganique, par la chimie organique. Nous avons cru compléter l'ouvrage, sous ce rapport, en le faisant précéder de la description succincte des ustensiles et des manipulations que la chimie organique emprunte à la chimie dite inorganique; l'anatomiste et le physiologiste trouveront par là, pour ainsi dire, sous leurs mains, et mises à leur portée, les notions préliminaires qu'ils seraient forcés d'aller puiser dans les grands traités, qui ne sont pas destinés exclusivement à leur usage; la première planche de l'Atlas est consacrée à reproduire les ustensiles du laboratoire, qui servent le plus fréquemment à l'étude des corps organisés. Cette portion de l'iconographie n'a été traitée que sous ce point de vue; mais sous ce point de vue elle est complète.

Les figures ont été gravées avec soin, sur des dessins aussi exacts qu'il est possible de les faire d'après nature, dans l'intérêt de la démonstration. La distribution typographique a exigé certains déplacements entre les objets qui ont entre eux de l'analogie. L'explication des planches qui va suivre, rapprochera ce que le cadre des planches nous a forcé de séparer. Chaque figure y sera désignée par une courte définition; et nous renverrons aux alinéas du livre, par le chiffre entre deux parenthèses, pour une plus ample description. L'explication des planches est, à l'égard de l'Atlas, l'équivalent de la table des matières, par ordre de chapitres, qui se trouve en tête de chacun des trois volumes.

EXPLICATION DES PLANCHES.

Planche 1re (*).

USTENSILES POUR LES MANIPULATIONS EN GRAND.

Fig. 1. Cucurbite de l'alambic (188).

Fig. 2. Chapiteau de l'alambic (*Ibid.*).

Fig. 3. Serpentin (*Ibid.*).

Fig. 4. Bain-marie pour la distillation des substances capables de s'altérer par le feu (190).

Fig. 5. Appareil distillatoire en verre (193).

Fig. 6. Ballon propre à la pesée des gaz (217).

Fig. 7. Cloche destinée au transvasement des gaz dans le ballon précédent (*Ibid.*).

Fig. 8. Vessie munie d'une virole, destinée à transporter les gaz (218).

Fig. 9. Cloche graduée pour mesurer le volume des gaz (216).

Fig. 10, 11. Petites éprouvettes destinées à des usages analogues (*Ibid.*).

Fig. 12. Éprouvette graduée et à patte pour le dosage des liquides (279).

(*) Le deuxième volume commence à l'alinéa 1088, et le troisième à l'alinéa 3097

Fig. 13. Petite cuve à mercure en porcelaine (213).

Fig. 14. Creuset en grès avec son couvercle (45).

Fig. 15. Petite cuiller en platine ajustée au bout d'un long manche en fer, pour le grillage en petite quantité.

Fig. 16. Coupelle en platine pour le grillage d'une faible quantité de substance.

Fig. 17. Grande cuve à mercure des laboratoires (213).

Fig. 18. Appareil de filtrage (130).

Fig. 19. Verre à patte ou à expérience (42).

Fig. 20. Bocal (41).

Fig. 21. Flacon bouché à l'émeri (41).

Fig. 22. Flacon bouché à large ouverture (41).

Fig. 23. Tube de sûreté en verre (220).

Fig. 24. Appareil distillatoire au moyen d'une cornue en verre (194).

Fig. 25. Appareil de Woolf (220).

Fig. 26. Siphon en verre (142).

Fig. 27. Paquets de tubes de verre avec lesquels on souffle divers ustensiles de laboratoire (363).

Fig. 28. Mortier en verre (25, 11°).

Fig. 29. Mortier en agate (*Ibid.*).

Fig. 30. Pince à charbon.

Fig. 31. Pince à creuset (45).

Fig. 32. Pince à cuiller pour transporter les substances sous le mercure dans un milieu gazeux.

Fig. 33. Appareil de filtration par déplacement (135).

Fig. 34. Appareil de distillation du gaz oxigène par la réduction du peroxide de manganèse (211).

Fig. 35. Lampe à alcool à niveau constant pour le chalumeau (357°).

Fig. 36. Capsule en verre et à goulot (164).

Planche 2.

Fig. 1. Réfrigérant de l'appareil distillatoire dans les distilleries d'eau-de-vie (204).

Fig. 2. Eudiomètre (235).

Fig. 3. Appareil de Liebig pour l'analyse élémentaire des substances organiques (245).

Fig. 4. Pompe à main pour purger l'oxide de cuivre de l'humidité de l'air (249).

Fig. 5. Sidéroscope de Lebaillif (103).

Fig. 6. Aréomètre de Nicholson (310).

Fig. 7. Pèse-liqueur du commerce (314).

Fig. 8. Lampe d'émailleur de Danger (357).

Fig. 9. Chalumeau de Nazen perfectionné par Danger (356).

Fig. 10. Projet d'appareil microscopique pour l'analyse élémentaire des substances organiques (761).

Fig. 11. Appareil propre à démontrer que les mots *endosmose* et *exosmose* se réduisent à un pléonasme (811).

Fig. 13. Caractères microscopiques de la soie (1192).

Fig. 14. Caractères microscopiques des tissus de chanvre (1190).

Fig. 15. Caractères microscopiques des tissus de laine (1193).

Fig. 16. Caractères microscopiques des tissus de coton (1189).

Fig. 17. Caractères microscopiques des tissus de lin (1191).

Fig. 17'. Structure intime de la choroïde de l'œil humain (1664).

Fig. 18. Nerf optique du bœuf, grandeur naturelle (1662).

Fig. 19. *Id.* grossi.

Fig. 20. Cristallin humain disséqué dans l'acide nitrique (1674).

Fig. 21. Nerf optique humain macéré dans l'eau (1662).

Fig. 22. Aspect des gouttelettes de larmes de petit calibre, que nous voyons sur la surface de la cornée transparente (1735). *Voy.*, pour les fig. 17-22, la planche 4.

Fig. 23. Expectorations vues à la loupe (3015).

Fig. 24. Les mêmes grossies au microscope.

Planche 3.

TABLE LABORATOIRE, ET USTENSILES POUR LES MANIPULATIONS EN PETIT.

Fig. 1. Table laboratoire réduite (332).

Fig. 2. Cuve à dissection en cristal (333).

Fig. 3. Miroir mobile pour éclairer les objets (337).

Fig. 4. Porte-loupe d'horloger (336).

Fig. 5. Loupe d'horloger (336).

Fig. 6. Tige à support pour la lampe (*lm*) et les allonges (*pn*) (339).

Fig. 7'. Pince à manche pour supporter le charbon des essais au chalumeau (358).

Fig. 7. Lampe de Berzélius (339).

Fig. 8. Chalumeau de Gahn (349).

Fig. 9. Chalumeau pipette en verre (348).

Fig. 10. Petit matras à long col (341).

Fig. 10'. Récipient à une seule tubulure ou ballon à col court (341).

Fig. 10''. Récipient à deux tubulures (340).

Fig. 11. Tige à supports pour les cornues et les capsules (338).

Fig. 12. Lampe à chauffer les ballons.

Fig. 13. Cornue et allonge de petite dimension (340).

Fig. 14. Flacon bouché à l'émeri et à étiquette incrustée (332).

Fig. 15. Valet en bois pour appuyer les matras et les ballons (340).

Fig. 16. Petite coupelle (*co*), spirale de platine (*pl*) pour les expériences au chalumeau ; (*sp*) spirale pour maintenir verticalement les tubes éprouvettes (360, 359, 343).

Fig. 17. Scalpels courbes et droits (335).

Fig. 18. Pince à dissection (*pi*), aiguilles à dissection (*aig*) (335).

Fig. 19. Plongeur microscopique en verre (617).

Fig. 20. Tube recourbé et effilé à la lampe, servant de chalumeau, et de moyen de transport, pour déposer les réactifs sur le porte-objet du microscope (345).

Fig. 21. Chaudière microscopique (635).

Fig. 22. Érignes pour les dissections dans l'eau (335).

Fig. 23. Tubes de verre fermés à la lampe et servant de matras, de cornues et même d'alambic (344).

Planche 4.

THÉORIE DE LA VISION.

Fig. 1. Loi de la réflexion (385).

Fig. 2. Loi de la réfraction (390).

Fig. 3. Appareil de Descartes pour déterminer les indices de réfraction (394).

Fig. 4. Réfraction par un prisme à trois pans (397).

Fig. 5. Réfraction par un demi-cylindre (398).

Fig. 6. Réfraction par un prisme à quatre pans (399).

Fig. 7. Réfraction par un cylindre (*Ibid.*).

Fig. 8-9-10. Diverses formes de lentilles réfringentes (462).

Fig. 11. Microscope simple de voyage (430).

Fig. 12. Théorie du microscope composé (435).

Fig. 13. Structure intime des procès ciliaires (1669).

Fig. 14. Humeur vitrée, cristallin et procès ciliaires d'un œil de petit pinson à peine sorti de l'œuf (1673).

Fig. 15. Sclérotique de l'œil humain (1680).

Fig. 16. Le même appareil que celui de la *fig.* 14 chez l'homme (1669).

Fig. 17. Cristallin de l'homme vu de profil (1671).

Fig. 18. Cristallin détaché de l'œil du petit pinson, *fig.* 14 (1673).

Fig. 19. Cristallin de l'homme grossissant comme une lentille de même courbure (1671).

Fig. 20. Appareil oculaire du petit pinson (*fig.* 14) vu de profil (1673).

Fig. 21. Globe de l'œil humain préparé de manière à mettre en évidence les rapports de la conjonctive (*cj*), de la sclérotique (*sc*), de la cornée transparente (*cn*), de la pupille (*pp*), de l'iris (*ir*), de l'uvée (*ir'*), et les vaisseaux en longitudes de la choroïde (*ch*) (1664).

Fig. 22. Le même dépouillé de la sclérotique, pour mettre en évidence les rapports de la choroïde (*ch*), de la membrane hyaloïde (*hv'*), de l'humeur vitrée (*hv*), de la rétine (*r*), du cristallin (*cr*), et des procès ciliaires (*pr*) (1670).

Fig. 23. Théorie de la vision d'après Descartes (1704).

Fig. 24. Théorie de la vision d'après nous (1712).

Fig. 25. Iris (*ir*) et pupille (*pp*) grossis à la loupe d'après un œil vivant (1665).

Fig. 26. Œil vivant d'un sujet de quarante ans dessiné à la vue simple (1657). La pupille chez les enfants est beaucoup plus dilatée. (*Voy.* le complément de cette pl. *fig.* 17'-22 de la pl. 2e.)

Planche 5.

MICROSCOPE NOUVEAU, DIT MICROSCOPE DOUBLE.

Fig. 1. Microscope complet tiré de sa boîte et mis en place : dans cette disposition, c'est un microscope composé ; pour le rendre simple, on remplace l'appareil (*tu*, *fig.* 1) par l'appareil de la *fig.* 5 (459).

Fig. 2. Porte-microscope (472), correspondant à la pièce (*vv'*) de la *fig.* 1re.

Fig. 3. Platine du porte-objet, correspondant à la pièce (*pl*) de la *fig.* 1re (466).

Fig. 4. Diaphragme double correspondant à la pièce (*dd*) de la *fig.* 1re (468).

Fig. 5. *Porte-loupe* qui remplace le *porte-microscope* (*fig.* 2), lorsqu'on veut transformer le microscope composé en microscope simple (471).

Fig. 6. Réflecteur à monture coudée (483).

Fig. 7. Pinces à griffes pour maintenir le porte-objet sur la platine (*fig.* 3) (485).

Fig. 8. Porte-objet carré à réactifs et en verre (486).

Fig. 9. Porte-objet long à réactifs (*Ibid.*).

Fig. 10. Porte-objet circulaire à réactifs (*Ibid.*).

Fig. 11. Porte-objet à gouttière, pour préserver la platine de l'altération par les acides (487).

Fig. 12. Abat-jour (484).

Fig. 13. Manchon pour préserver les lentilles du contact des liquides (488).

Fig. 14. Construction du microscope horizontal d'Amici (535).

Fig. 15. Goniomètre pour le microscope simple (716).

Planche 6.

CARACTÈRES PHYSIQUES DES DIVERSES FÉCULES (1036).

N. B. Les *fig.* 1-27 ont été dessinées en 1829, au grossissement de 100 diamètres du microscope de Selligue; toutes les autres en 1837, au microscope double de la nouvelle édition. L'explication des figures se trouve au bas de la planche.

Planche 7.

1-15. ANALYSE MICROSCOPIQUE DES FARINES ET DE L'HORDÉINE (1296). — 16-25. TISSUS RESPIRATOIRES AQUATIQUES (1923).

Fig. 1. Coupe longitudinale d'un grain d'orge, pour mettre en évidence les rapports de position des valvules calicinales (*e*), du péricarpe (*a*), du périsperme (*d*), de l'embryon (*b*) et du point d'attache, ou *hile* (*c*).

Fig. 2. Coupe longitudinale d'un grain mûr de froment; (*a*) péricarpe interne et résineux, (*a'*) péricarpe externe et pelliculeux, (*b*) embryon, (*c*) point d'attache du grain, (*d*) périsperme, (*g*) place du sillon longitudinal, *f* pilosités du sommet. Ces deux figures sont grossies quatre ou cinq fois à la loupe; les suivantes sont grossies cent fois au microscope.

Fig. 3. Structure intime du périsperme farineux du grain d'orge.

Fig. 5. Couche de cellules opaques et hexagonales qui recouvrent le périsperme de l'orge.

Fig. 7. Couches épidermiques qui recouvrent la couche précédente.

Fig. 9. Rapports de superposition de ces trois ordres de couches.

Fig. 4. Tranche longitudinale qui représente de profil les couches extérieures d'un grain de froment (*a*); couche épidermique (*b*), couche sous-épidermique (*c*), couche de cellules opaques et hexagonales qui recouvrent immédiatement le périsperme féculent (*dd*). Les mêmes lettres désignent les mêmes organes sur les *fig.* 6, 8, 10 qui les représentent de face.

Fig. 6. Couches de cellules opaques et hexagonales (*c*, *fig.* 4).

Fig. 8. Couche épidermique (*a*), et sous-épidermique (*b*) prise sur la surface de l'embryon du blé.

Fig. 10. Même couche, prise sur la surface du grain, au-dessus de l'embryon.

Fig. 11. Tissu du cotylédon.

Fig. 12. Tissu des jeunes feuilles de la plumule.

Fig. 13. Bouts de poils de la sommité du grain (*f*, *fig.* 2). *Voy.* pl. 9, *fig.* 8.

Fig. 14. Tissu des l'albumine animale (1499).

Fig. 15. Albumine soluble desséchée sur le porte-objet (1501).

Fig. 16. Tissu respiratoire des branchies utérines de la moule des rivières (1926).

Fig. 17, 18, 19, 20, 21. Lambeaux mouvants et ciliés obtenus par le déchirement de ce tissu (*Ibid.*).

Fig. 22. Fragment d'une tentacule d'alcyonelle se mouvant spontanément dans l'eau (1928).

Fig. 23. Vorticelle rameuse.

Fig. 24. Polype de l'alcyonelle détaché du polypier (1949).

Fig. 25. Œufs de la moule de rivière (1996). *Voy.* planche suivante *fig.* 4 et 5.

Planche 8.

ANALYSE MICROSCOPIQUE DU SUC DES CHARA (3308).

Fig. 1. Tube de *chara* tranché au scalpel et se vidant dans l'eau (3317). *Voy. fig.* 18 et 20.

Fig. 2. Circulation du suc renfermé dans un tube de *chara* (3284).

Fig. 3 Préparation du tube de *chara* pour l'observation précédente (3283).

Fig. 4. Branchie de salamandre fonctionnant dans l'eau (1930).

Fig. 5. Grosse vorticelle faisant tourbillonner l'eau (1932). *Voy.* pl. 7, *fig.* 20-25.

Fig. 6. Cristal de tartrate de chaux (4257).

Fig. 7, 8. Cristaux d'oxalate de chaux (4256).

Fig. 9, 10, 13, 14. Cristaux de tartrate acide de potasse (4306).

Fig. 11. Cristaux de tartrate albumineux de potasse (4308).

Fig. 12. Sels obtenus de l'évaporation du suc de chara (3319, 4308, 4309, etc.).

Fig. 15 et 17. Acétate albumineux de chaux (3379).

Fig. 18 et 20. Globes albumineux du suc de *chara* (3317). On les voit traités et colorés par les réactifs en *d*, *e*, *f* de la *fig.* 1.

Fig. 19. Globes albumineux précipités par la strontiane et la baryte de la dissolution de l'acide lactique (3380).

Fig. 20. Globules du sang de divers animaux (3439).

Planche 9.

RÉACTIF MICROSCOPIQUE DU SUCRE, DE L'ALBUMINE ET DE L'HUILE.

Fig. 1. ovaire très jeune de l'avoine ordinaire (1308).

Fig. 2. Périsperme jeune de blé, mis en évidence par une coupe qui n'intéresse que le péricarpe (1326).

Fig. 3. Ovaire d'orge déposé sous le microscope dans l'acide sulfurique, et se colorant selon les substances diverses que renferment ses organes (1325, 3160). *Voy.* pl. 7.

Fig. 4. Même ovaire intègre et grossi à la loupe (1325).

Fig. 5. Périsperme seul, déposé dans l'acide sulfurique (1326).

Fig. 6. Grains de pollen dans l'acide sulfurique (1420).

Fig. 7. Périsperme de maïs dans l'acide sulfurique, jouant le rôle d'un tissu respiratoire (1938).

Fig. 8. Caractères distinctifs des poils, des bulles d'air et des cristaux (734).

Fig. 9. Fragment intègre d'un stigmate d'ovaire de graminée, qui correspond aux lettres *g*, *h* de la *fig.* 3.

Planche 10.

Fig. 1-29. ANALYSE DU POLLEN (1401). — *Fig.* 30-40. CARACTÈRES PHYSIQUES DES GRANULES ADIPEUX (1481).

Fig. 1, 12. Lupuline traitée par les divers réactifs (1441).

Fig. 13 — 18. Grain de pollen de la tulipe traité par divers réactifs (1410.)

Fig. 19. Calotte hémisphérique du grain énorme de pollen du *nyctago jalapa* (1410).

Fig. 20. Sphincter illusoire du grain de pollen (1423).

Fig. 21 et 29. Grain de pollen de *convolvulus*, éjaculant dans l'eau (1413).

Fig. 22 et 25. Grain de pollen du *zamia*.

Fig. 26. Grain de pollen de *cucurbita* éjaculant dans l'acide hydrochlorique (1417).

Fig. 27 et 28. Grain de pollen du pin (1409).

Fig. 30 et 35. Granules de graisse du porc (1472).

Fig. 31, 33, 34. Granules de graisse de mouton (1471).

Fig. 32, 37, 38, 36, 40. Graisse humaine (1474).

Fig. 39. Masse de tissu adipeux vue à l'œil nu (1486). *Voy.* pl. 18, *fig.* 14, 17.

Planche 11.

DIVERS TISSUS DE NATURE ANIMALE.

Fig. 1 et 3. Fragments de fibrilles du chorion humain, complétant les figures de la pl. 12 (2001).

Fig. 2. Papille de la branchie d'un protée conservé dans l'alcool (2004).

Fig. 3 et 4. Fibrilles vasculaires de la surface des intestins (1909).

Fig. 5. Cylindre musculaire du bœuf (1563). *Voy.* pl. 18, *fig.* 13, 15, 16, 18.

Fig. 6. Etude microscopique de la salive (1906).

Fig. 7 et 8. Théorie de la formation du placenta (2009), voy. pl. 12 et 13.

Planche 12.

Fig. 1-6. FIBRILLES DU CHORION HUMAIN (2001). — *Fig.* 7-12. OVULIGÈRES DE L'ARTICULATION DU POIGNET (3026).

Fig. 1. Tronc décortiqué d'une fibrille du chorion humain (2006).

Fig. 2. Sommité d'un rameau fibrillaire du chorion humain grossi 100 fois et pris sur un ovule libre encore dans l'utérus (2003).

Fig. 3. Tranche transversale du même rameau (2004).

Fig. 4. Fragment de fibrille desséchée sur une lame de verre (2005), voy. pl. 11 et 13.

Fig. 5. Théorie de l'ossification (1772).

Fig. 6. Papille du chorion de la truie, grossie cent fois (2018).

Fig. 7. Ovuligères de l'articulation du poignet, légèrement grossies (3026).

Fig. 8, 9, 10. Les mêmes à un état plus avancé de développement (3036).

Fig. 11. Structure intime de leur tissu (3028).

Fig. 12. Organisation helmintiforme de ces animalcules (3037).

Planche 13.

Fig. 1-5. SUITE DES ÉTUDES DU PLACENTA (2001). — *Fig.* 6-8. ÉTUDE DES TISSUS ÉPIDERMIQUES (1898).

Fig. 1. Désemboîtement des cotylédons (utérin et fétal) de la vache (2012).

Fig. 2. Fibrille du chorion de la vache, grandeur naturelle (2012).

Fig. 3. Fibrille du placenta fœtal humain (2008).

Fig. 4, 5. Cotylédons injectés de la brebis (2016).

Fig. 6 et 8. Epiderme d'un jeune fœtus de brebis (1860).

Fig. 7. Epiderme d'un jeune fœtus humain (2026).

Planche 14.

ANATOMIE ÉLÉMENTAIRE DES NERFS.

Fig. 1. Lame mince d'un emboîtement nerveux grossie cent fois (1607).

Fig. 2. Tranche transversale du nerf médian du bras (1606).

Fig. 3. Fibrille simple du nerf (*ibid*).

Fig. 4. Tranche transversale d'un ganglion du grand sympathique (*ibid.*).

Fig. 5. Filet nerveux de l'ischiatique pris sur un très jeune fœtus du veau (1609).

Planche 15.

HISTOIRE COMPARATIVE DE L'INSECTE DE LA GALE (2091).

Fig. 1-7. Insecte de la gale humaine dessiné pour la première fois à Paris, par nous, en août 1834; à un simple grossissement de 100 à 150 diam.

Fig. 1. Insecte vu par le dos.

Fig. 2. Insecte vu par la surface inférieure du corps.

Fig. 3. Le même vu de côté et par les bords saillants du corps.

Fig. 4. Carapace dans l'acide acétique.

Fig. 5. Tissu réticulé et corné de la carapace.

Fig. 6. Tête dans l'acide acétique.

Fig. 7. Abdomen observé par dessiccation.

Fig. 8 et 9. Insecte de la gale du cheval dessiné par nous pour la première fois, en août 1831.

Fig. 8. Femelle vue par la surface inférieure du corps.

Fig. 9. Mâle vu par la surface dorsale.

Fig. 9'. *Ambulacrum* considérablement grossi.

Fig. 10. Accouplement du mâle et de la femelle.

Fig. 11 et 12. Insecte de la gale humaine dessiné par Degeer.

Fig. 13. Mauvaise figure de l'insecte de la farine donnée au public pour l'insecte de la gale en 1812 et 1829.

Fig. 14 et 15. Insecte de la gale humaine d'après Bonomo, en 1687.

Fig. 16. Le même d'après les Actes des curieux de la nature de 1682.

Fig. 17. Excellente figure de l'insecte de la farine et du fromage, que Galès a réussi à faire passer, pendant 18 ans, pour l'insecte de la gale humaine. *a* figure de l'insecte jeune et n'ayant encore que six pattes.

Planche 16.

CRISTALLISATIONS DIVERSES.

Fig. 1, 2, 3. Matière colorante de la garance obtenue par sublimation (4080).

Fig. 4, 5, 7. Cristallisation de la quinine par l'alcool (4339).

Fig. 6. Cristal de chlorate de potasse (4304).

Fig. 8 et 10. Carbonate de soude (4301).

Fig. 9, 12. Cristaux d'oxalate d'ammoniaque identiques avec ceux de narcotine dans l'eau (4339).

Fig. 11. Cristallisation de la narcotine par l'alcool (1339).

Fig. 13. Cristallisation de l'acétate d'ammoniaque (4312).

Fig. 14. Cristallisation de l'acétate et du sous-acétate de plomb (4379). *Voy.* pl. 8, *fig.* 7-17, et pl. 9, *fig.* 8.

Planche 17.

SUITE DES ÉTUDES DE LA CRISTALLISATION.

Fig. 1. Fragment de spongille feutré de cristaux de silice (4233).

Fig. 2-7. Caractères cristallographiques de cette espèce de silice (*Ibid.*).

Fig. 8, 9, 10. Cristaux d'oxalate de chaux dans la racine d'iris de Florence (4254), et dans la rhubarbe (4263).

Fig. 7 et 14. Cristaux de phosphate de chaux (4245).

Fig. 12. Cristallisation du nitrate d'ammoniaque sur une lame de verre (4311).

Fig. 13. Illusions microscopiques de la cristallisation (729).

Fig. 15-28. Cristallisations diverses du sucre oléagineux (3182).

Fig. 30-32. Cristallisation du sucre candi (3159).

Fig. 33-35. Cristaux pris à l'Académie pour des cellules, et sucs éjaculés pris pour des cristaux (4244).

Planche 18.

DIVERS TISSUS DE NATURE ANIMALE.

Fig. 1 et 2. Fragment de la glande lacrymale du lapin (1618).

Fig. 3 et 4. Poussière du papillon du chou, telle qu'on doit la voir au microscope double de la planche 5 (567).

Fig. 5. Surface palmaire de l'index vu à la loupe d'horloger (1628).

Fig. 6. Cupules de l'organe du tact vues à une loupe plus forte (*Ibid*).

Fig. 7. Surface dorsale de la main humaine vue à la loupe (1627).

Fig. 8. Bras d'un *octopus granulatus* qui a été pris pour un ver parasite des bras de cet animal (1635).

Fig. 9-12. Anatomie microscopique des cupules d'appréhension qui tapissent ce bras, pour en montrer l'analogie, avec les cupules de l'organe du tact de la surface palmaire (1634).

Fig. 14 et 17. Tissu adipeux d'un fœtus de moineau (1480). *Voy.* pl. 10.

Fig. 15 et 16. Cellules musculaires et cellulaires d'un fœtus d'araignée aquatique, dans l'intérieur desquelles on distingue les spires (1570).

Fig. 13 et 18. Fibrilles élémentaires du muscle du lapin et d'un fœtus de pinson, dans le sein desquels on distingue très bien les spires (1569). *Voy.* planche 11, *fig.* 5.

Planche 19.

Fig. 1-7. INFUSOIRES. — *Fig.* 8-22. EMBRYOLOGIE.

Fig. 1. Rotifère voguant dans l'eau (1923, 4°).

Fig. Le même dans le travail de la parturition (3088).

Fig. 3 et 4. Rotifère rentré en lui-même de frayeur (1923).

Fig. 5. Le même commençant à se développer après le premier instant de frayeur passé (*Ibid.*).

Fig. 6. *Brachionus* fonctionnant dans l'eau (3089).

Fig. 7. Le même dans l'acide sulfurique.

Fig. 8. OEuf de brachion sur le point d'éclore, pris par Muller pour un *leucophra* (3085).

Fig. 9. Figure de l'œuf humain empruntée à Velpeau. (*a*) chorion, (*e*) tissu parasite ou albumine coagulée par l'alcool, que Velpeau a prise pour l'analogue de l'allantoïde; (*c*) amnios à travers lequel on aperçoit le fœtus; (*d*) second amnios ou amnios jumeau, et arrêté dans son développement, que Velpeau a pris pour la vésicule ombilicale (2066).

Fig. 10 et 11. Figures d'œufs humains empruntées au travail de Pockels, et dans lesquelles il est impossible de voir autre chose qu'un produit morbide, ou une erreur du scalpel (2069).

Fig. 12 et 13. Figures publiées par Coste, d'après les deux seuls œufs humains qu'il ait eus à sa disposition, et qui prouvent qu'il a pris un des amnios jumeaux avortés pour la vésicule ombilicale, l'autre pour l'organe qu'on désigne sous le nom de vésicule de Pockels, et puis une ramification vasculaire pour le cordon ombilical (2074).

Fig. 14, 15, 16, 17. Théorie de la monstruosité diadelphe (2059).

Fig. 18. OEuf avancé de la brebis (2074, 3°).

Fig. 19. Deux amnios dans le même chorion; si l'un des deux avait avorté, ou s'était arrêté dans son premier développement, il aurait été pris, par les auteurs précédents, pour la vésicule ombilicale de l'autre (2056).

Fig. 20. Fœtus de pinson à la veille de sortir de sa coquille (2047).

Fig. 21. Jaune durci de l'œuf de poule pour montrer la place du *vitellus*; à l'opposé se trouve le hile qui attache le jaune à l'albumen.

Fig. 22. Blanc d'œuf de poule durci, sur lequel on distingue parfaitement bien le point d'attache du jaune (2074, 3°). *Voy.* planches 11, 12, 13.

Planche 20.

Fig. 1-15. THÉORIE DU DÉVELOPPEMENT ORGANIQUE (4416). — *Fig.* 16-32. IDENTITÉ DE LA CHALEUR, DE LA LUMIÈRE, DE L'ÉLECTRICITÉ, DU MAGNÉTISME, DE L'AFFINITÉ, ETC. (4490), OU UNITÉ UNIVERSELLE.

Il nous faudrait reproduire le texte, déjà fort succinct, pour donner une explication suffisante de ces figures théoriques; nous renvoyons nos lecteurs à la Troisième Partie de l'ouvrage, à l'intelligence de laquelle sont consacrées les figures 1-15, et à la Quatrième Partie, que concernent les figures 16-32.

FIN DE L'EXPLICATION DES PLANCHES.

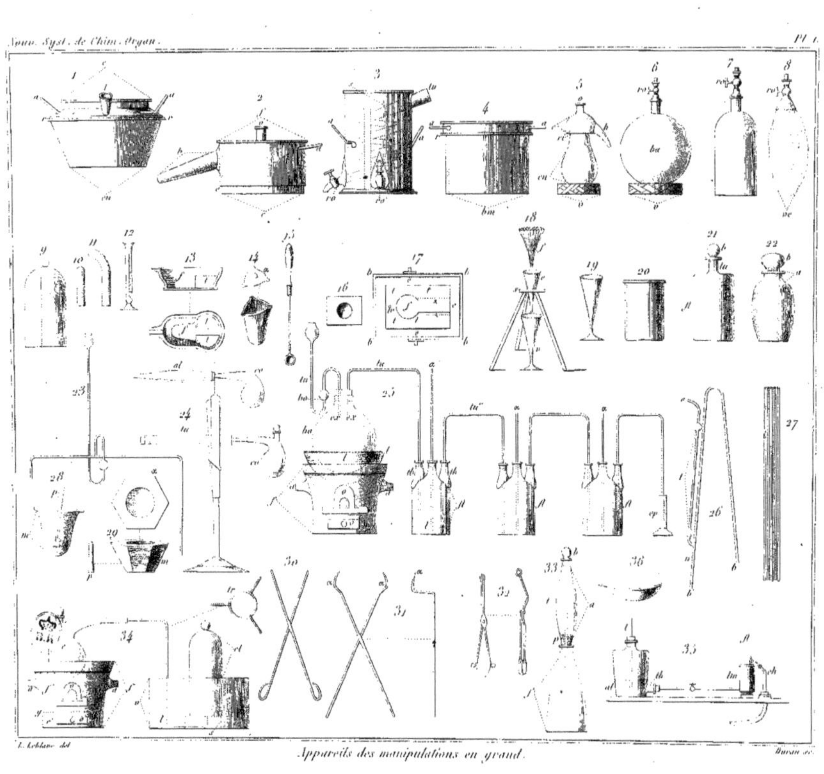

L. Leblanc del. Appareils des manipulations en grand. Duran sc.

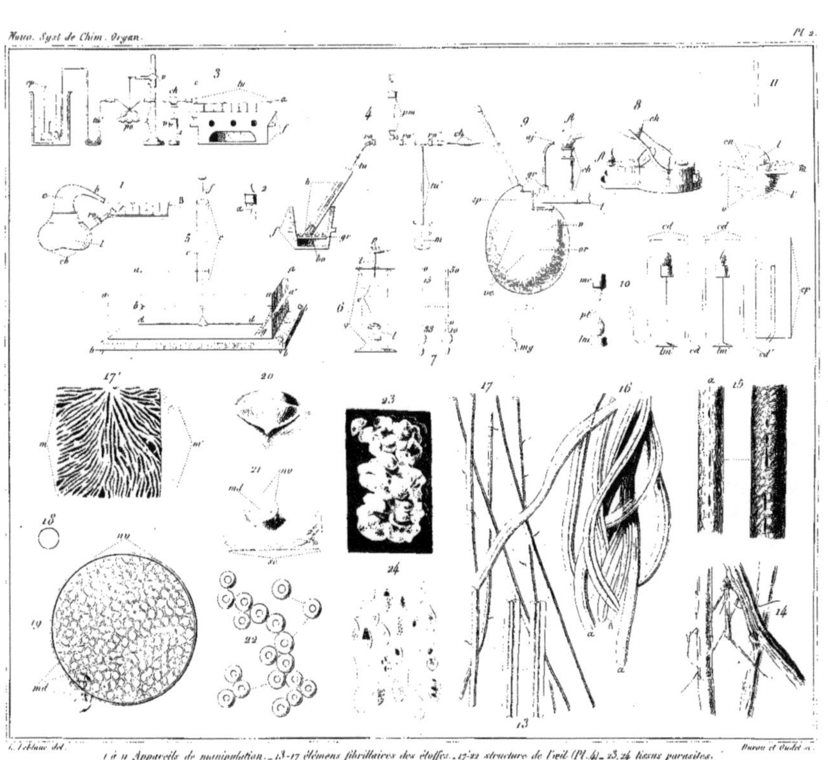

L. Leblanc del. Duvau et Oudet sc.

1 à 11 Appareils de manipulation. _ 13-17 élémens fibrillaires des étoffes. _ 17'-22 structure de l'œil (Pl. 4) _ 23, 24 tissus parasites.

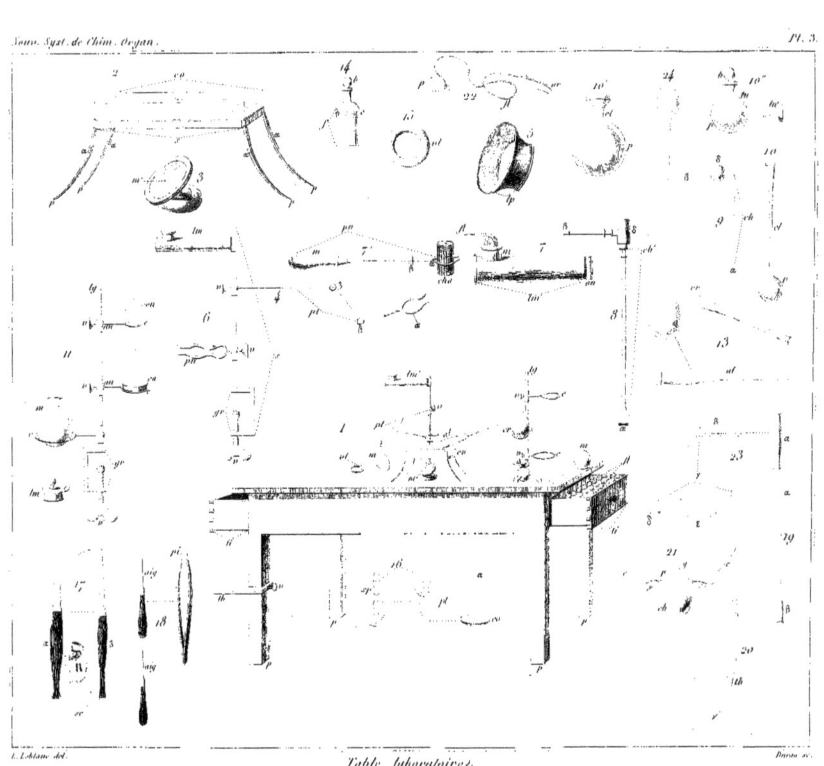

L. Leblanc del.

Table laboratoire.

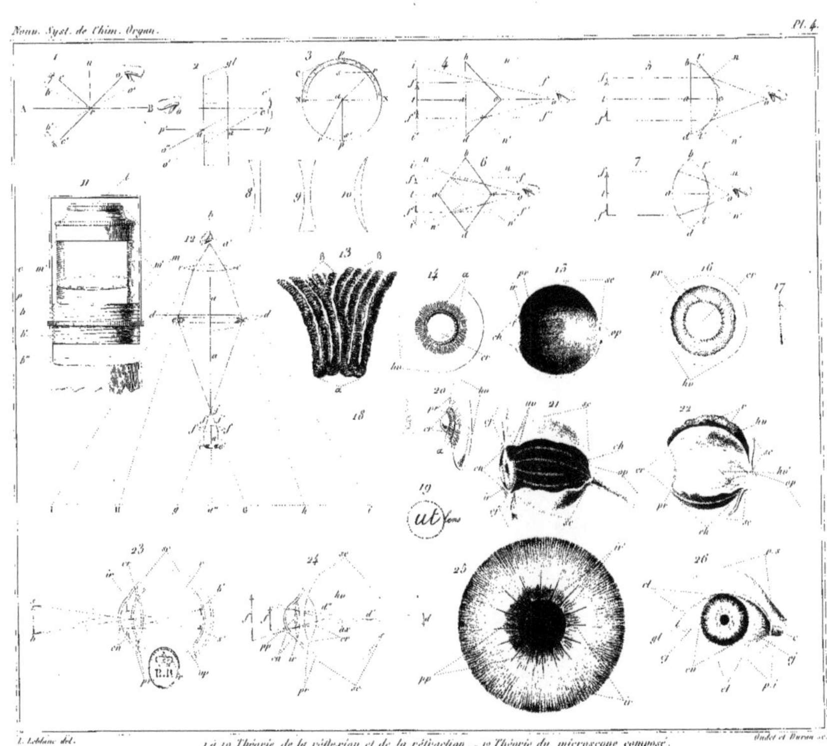

L. Leblanc del. Oudet et Duran sc.

1 à 10 Théorie de la réflexion et de la réfraction. _ 12 Théorie du microscope composé.
11 Microscope de voyage. _ 13 à 26 Structure de l'œil et théorie de la vision.

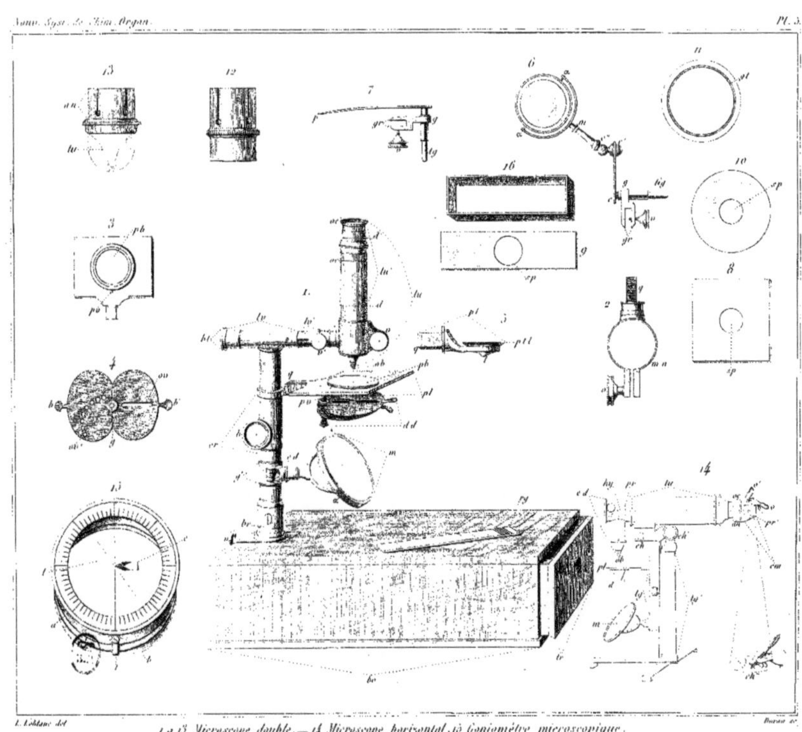

L. Leblanc del. Duran sc.

1 à 13 Microscope double. — 14 Microscope horizontal. 15 Goniomètre microscopique.

Tableau comparatif des caractères iconographiques des diverses fécules (1036).

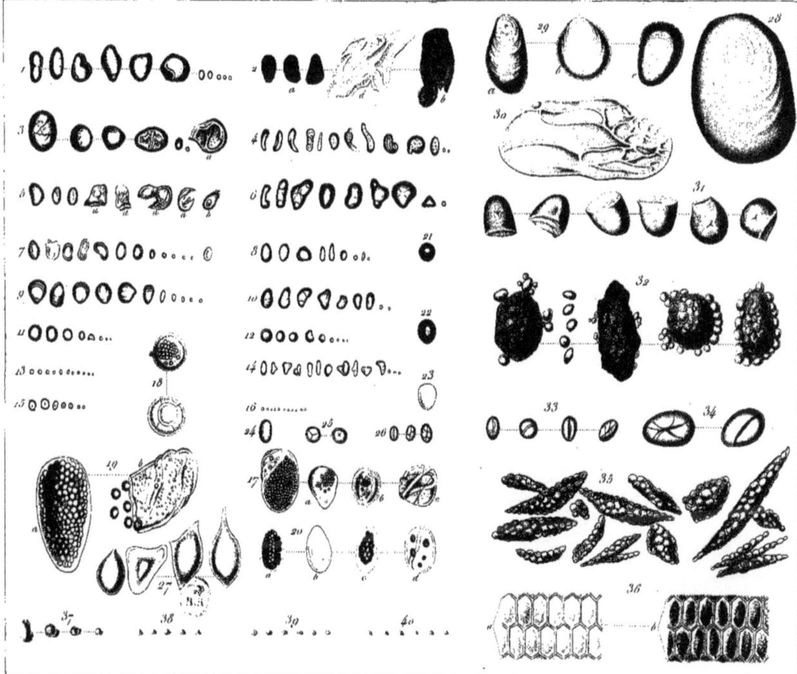

Raspail & L. Leblanc del.

1. Fécule de pomme de terre × 100; 29 la même × 150; 28 la même × 500 fois. — 2, a et b et 30 téguments. — 3 et 4 féc. du Chara. — 5 du Sagou; 37 à 40 bouteilles de Sagou. — 6 féc. du Lys des incas. — 7 de fève. — 8 d'igname. — 9 de tulipe. — 10 de pois vert. — 11 féc. anonyme des antilles. — 12 de froment. — 13 et 14 d'iris. — 15 de tapioka. — 16 de petit millet. — 17 de massette. — 24 et 32 d'avoine. — 25 de Seigle. — 26, 33 et 34 de lentille. — 31 d'arrow-root. — 35 d'orge antique. — 36 de Trapa. — 27 inuline de Symphoricarpos (1058). — 20 féc. verte (1038).

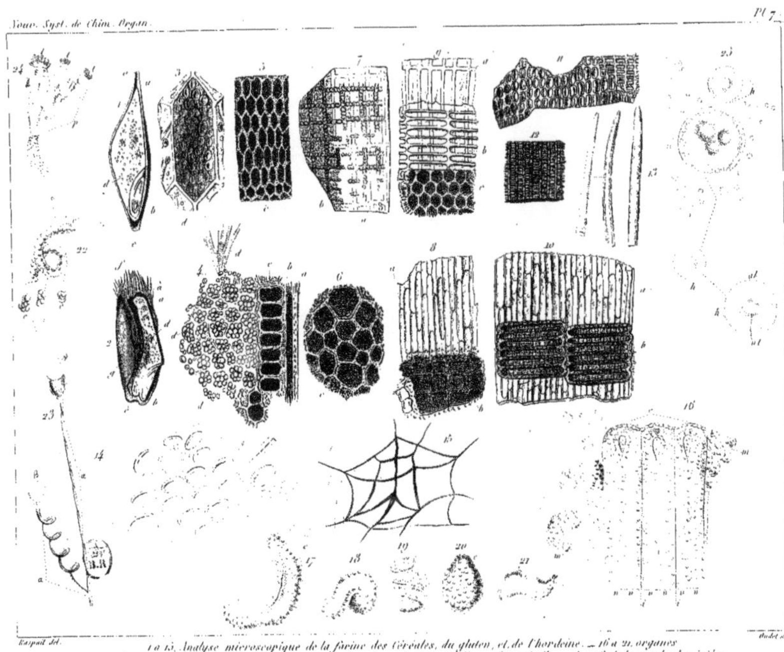

1 à 15. Analyse microscopique de la farine des Céréales, du gluten, et de l'hordeine. — 16 à 21. organes respiratoires des microscopiques. 22.24. fragmens du polype de l'alcyonelle. — 23 vorticelle. — 25. œufs de la moule de rivière.

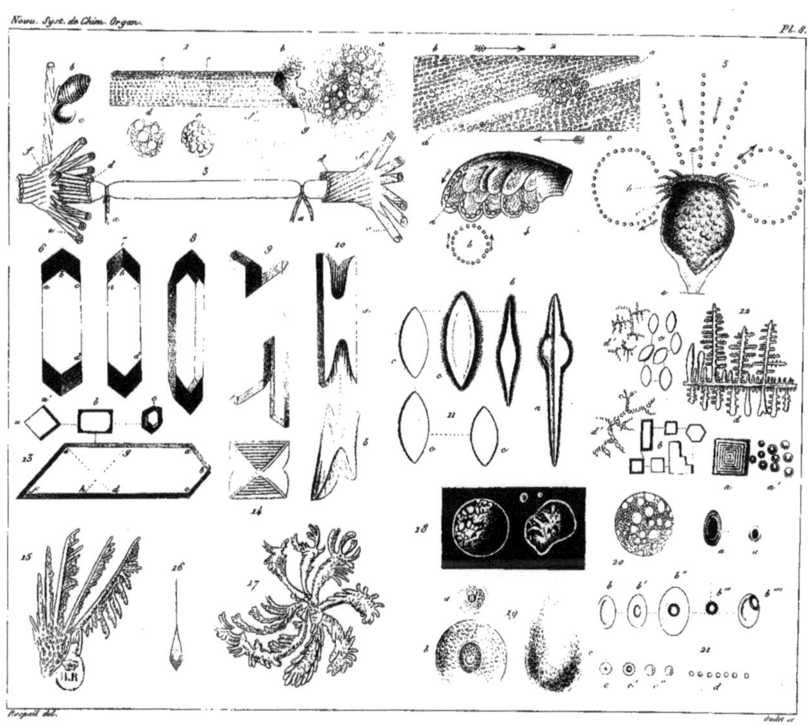

Raspail del.

Oudet sc.

Analyse microscopique du suc qui circule dans l'intérieur d'un tube de Chara, de l'acide lactique et des globules du Sang — 5 Vorticelle.

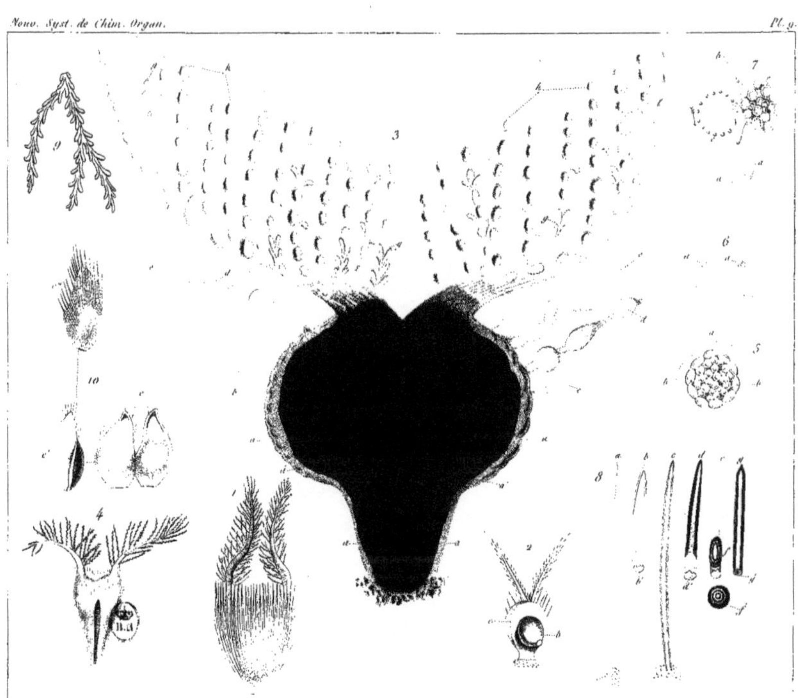

Raspail del. Oudet sc.

Réactif du Sucre de l'Albumine et de l'Huile.

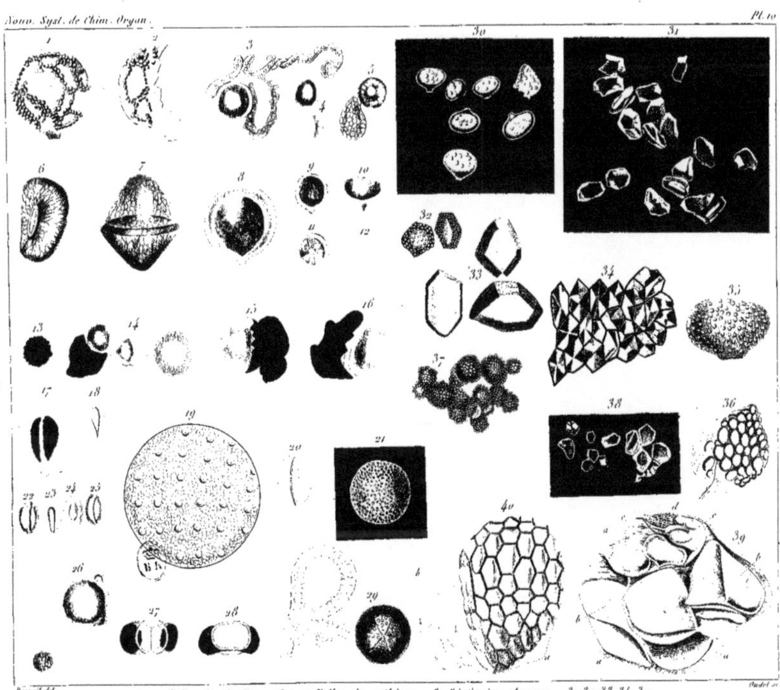

Raspail del. Oudet sc.

1 à 12 Pollen des feuilles. — 13 à 29 Pollen des anthères. — 30, 35 Graisse de porc. — 31, 32, 33, 34, 39 Graisse de mouton. — 36 à 38 Graisse d'enfant. — 40 Graisse de femme.

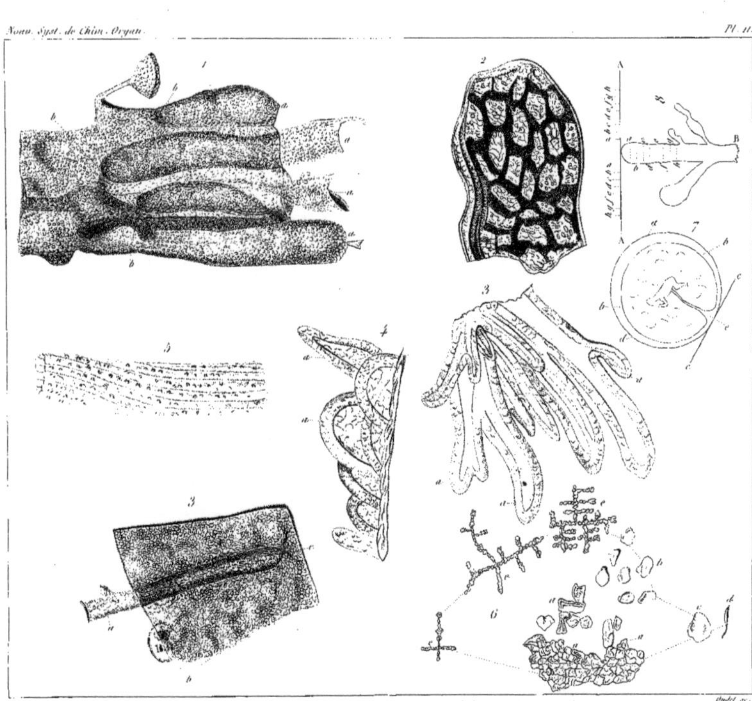

1. 3 Fibrilles du chorion. — 2 papille branchiale du protée. — 3, 4 villosités intestinales. 6 surfaces buccales. — 7, 8 théorie placentaire. — 5 faisceau musculaire bouilli du bœuf.

Oudet sc.

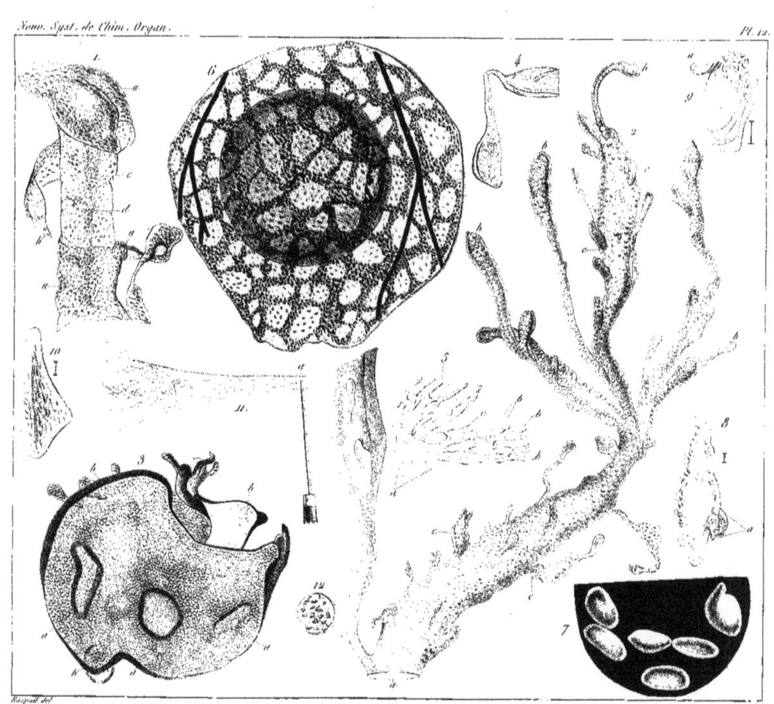

Raspail del.

1-6 Fibrilles du chorion _ 7-12 ovuligères de l'articulation du poignet _ 5 théorie de l'ossification.

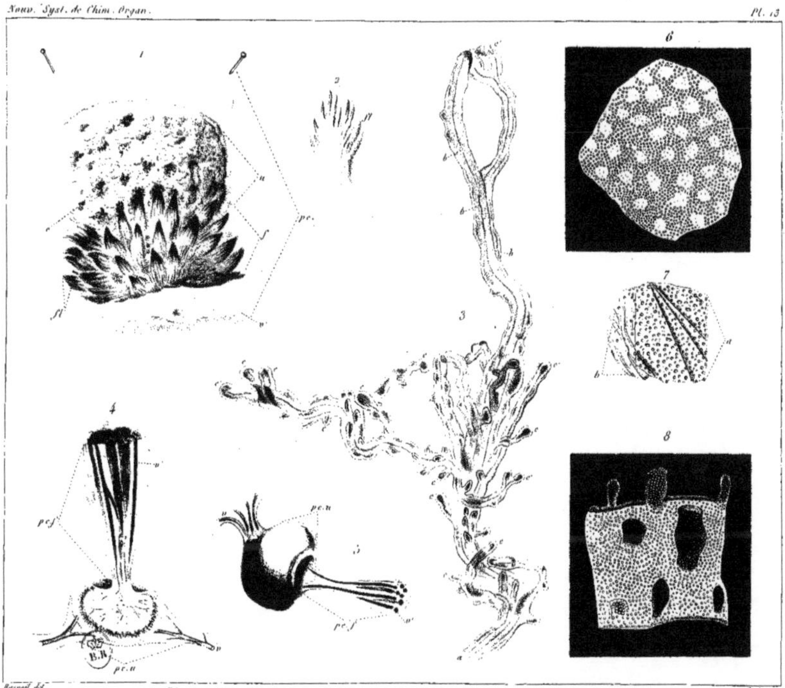

Raspail del. Oudet sc.

1 à 2 Placenta de la Vache _ 3 Fibrille vasculaire du Placenta humain _ 4,5 Placentas de la Brebis _ 6 Peau d'un Fœtus de Brebis _ 8 la même prise sur les tempes _ 7 Epiderme d'un Fœtus humain long de 10 cent.

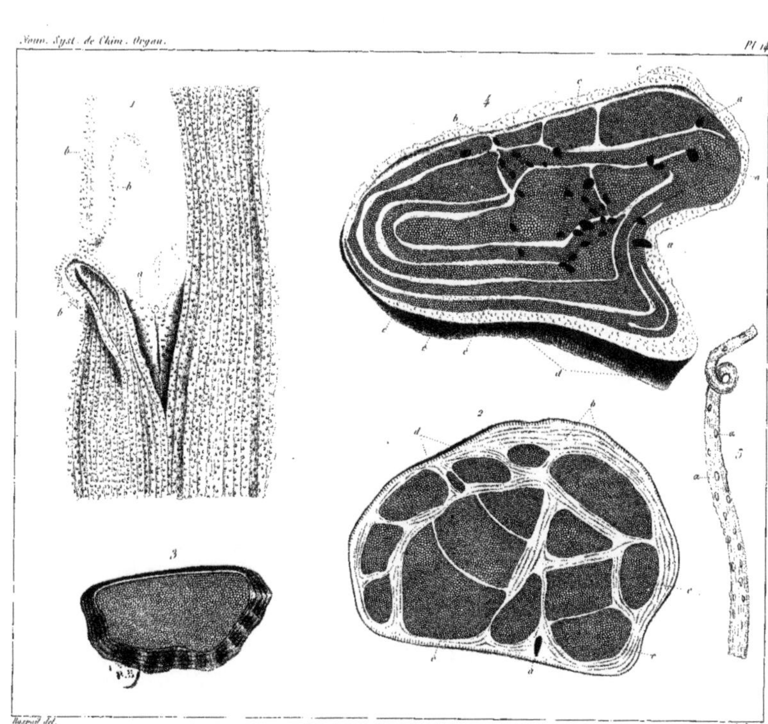

Raspail del. Oudet sc.

Structure intime des Nerfs.

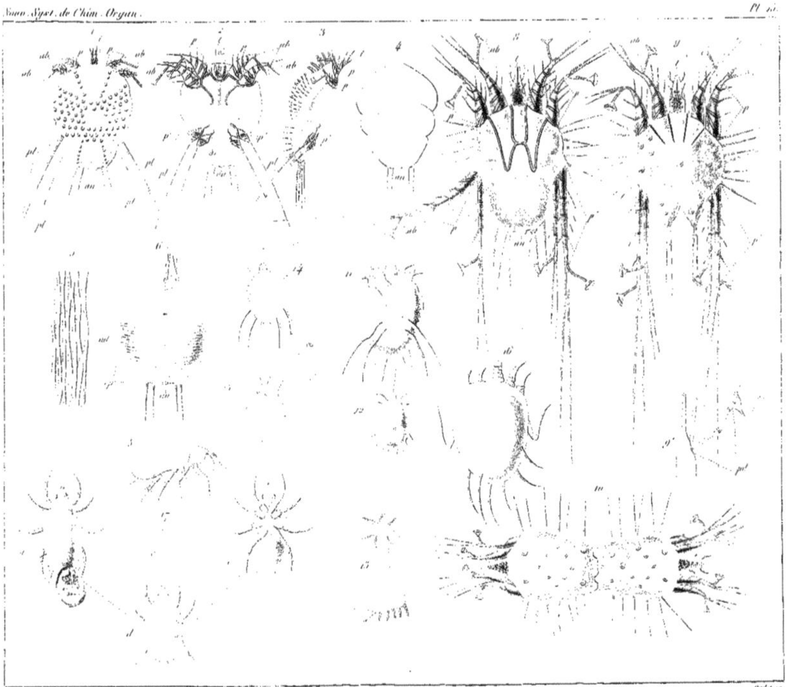

L. Leblanc d'après Raspail — Oudet sc.

Tableau comparatif des figures de l'insecte de la gale, publiées par divers auteurs.

1-7 insecte de la gale humaine, Rasp. 1834 _ 8. 10. insecte de la gale du Cheval. Rasp. 1831 _ 11. 12. insecte de la gale humaine. Degeer. _ 14. 15. insecte de la gale humaine Bonomo Baker. 16 id. acta eruditorum _ 17 insecte de la farine et du fromage pris, pendant 18 ans, sur la foi de Latreille, pour l'insecte de la gale humaine _ 13. figure informe de l'insecte précédent donnée encore en 1829 comme celle de l'insecte de la gale humaine.

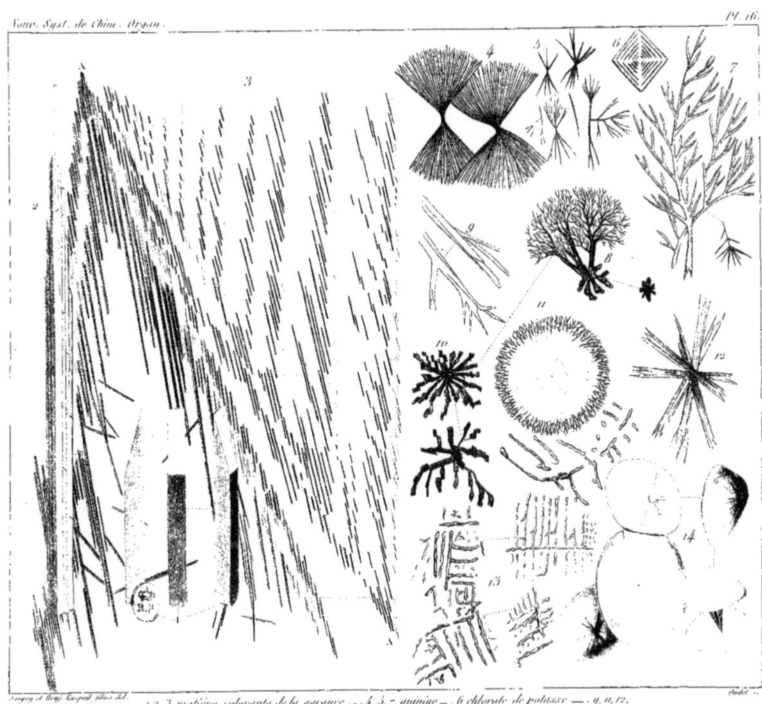

Sagey et Benj. Raspail filius del. Oudet sc.

1, 2, 3 matière colorante de la garance —. 4, 5, 7 quinine —. 6 chlorate de potasse —. 9, 11, 12, narcotine. — 8, 10 carbonate de soude. — acétate d'ammoniaque. — acétate et sous acétate de plomb. —

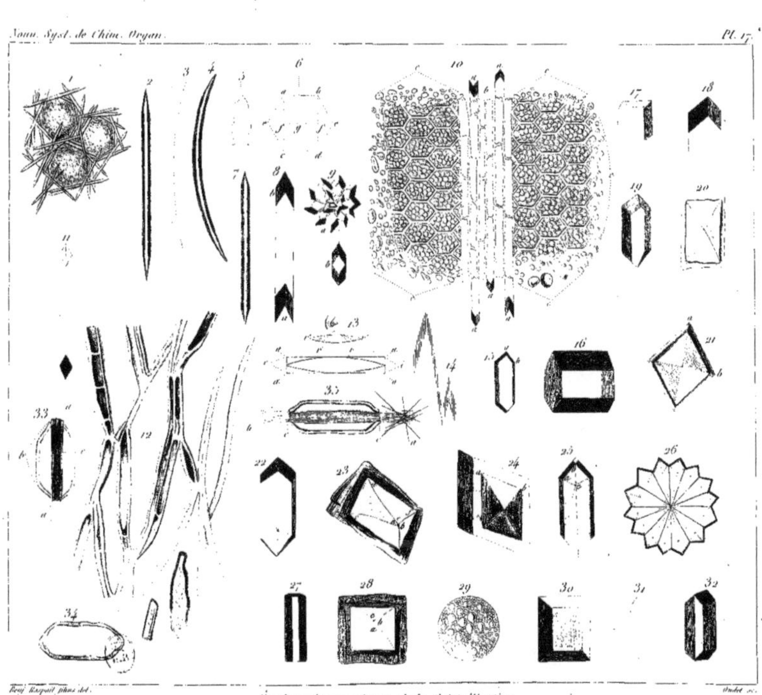

Benj. Raspail pinx. del. — Oudet sc.

Études microscopiques de la Cristallisation.

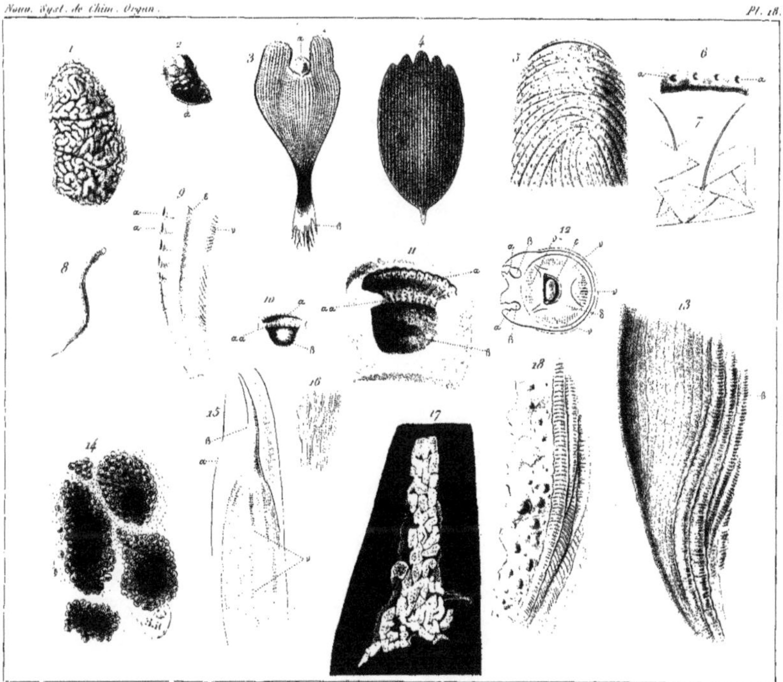

L. Leblanc del. Oudet sc.

1-2 Structure glandulaire. _ 3. 4 poussière du papillon du chou. _ 5-7 Cupules d'appréhension. _ 10-12 Cupules des céphalopodes. _ 14-17 graisse d'un fœtus de pinson. _ 15-16 Système musculaire d'un fœtus d'araignée. _ 13-18 Cylindres musculaires avec leurs spires internes.

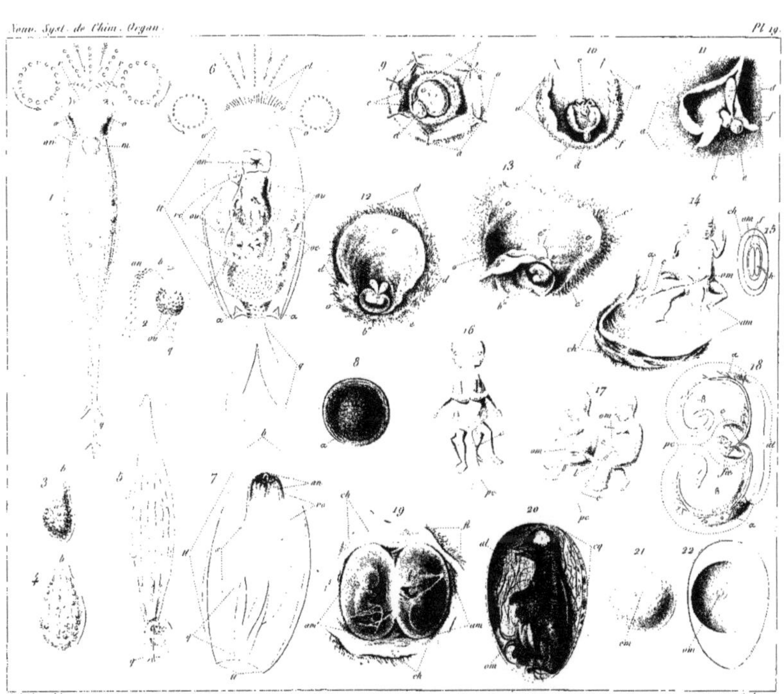

L. Leblanc del. Oudet sc.

1 à 8 Étude des microscopiques._ 9 à 22 Embryologie animale.

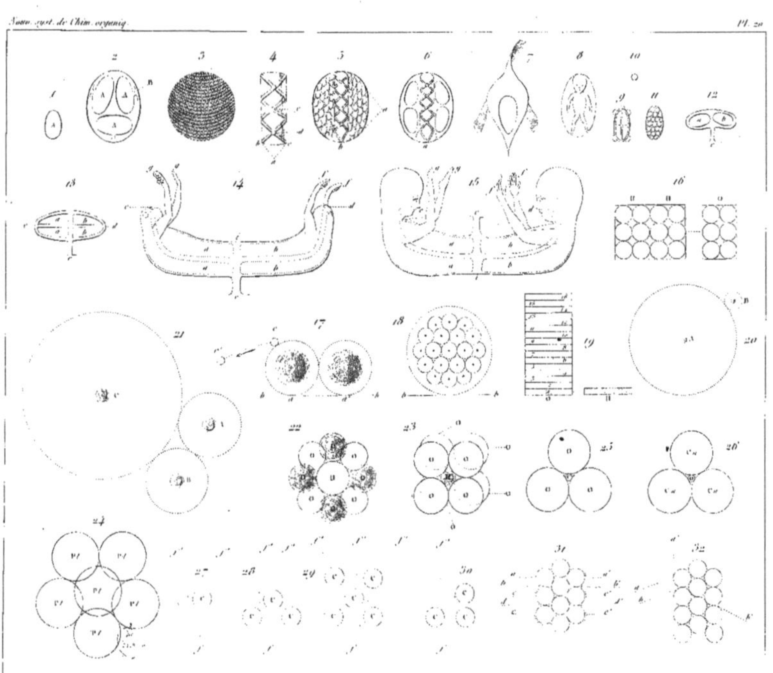

Fig. 1–15. Théorie du développement organique (4416). Fig. 16–32. Théorie générale et démonstration de l'unité universelle (4490.)

www.ingramcontent.com/pod-product-compliance
Ingram Content Group UK Ltd.
Pitfield, Milton Keynes, MK11 3LW, UK
UKHW021508260726
13993UKWH00004B/1601

9 782329 464190